BEI GRIN MACHT SICH IHR WISSEN BEZAHLT

- Wir veröffentlichen Ihre Hausarbeit,
  Bachelor- und Masterarbeit

- Ihr eigenes eBook und Buch -
  weltweit in allen wichtigen Shops

- Verdienen Sie an jedem Verkauf

Jetzt bei www.GRIN.com hochladen und kostenlos publizieren

Bibliografische Information der Deutschen Nationalbibliothek:

Die Deutsche Bibliothek verzeichnet diese Publikation in der Deutschen National-bibliografie; detaillierte bibliografische Daten sind im Internet über http://dnb.d-nb.de/ abrufbar.

Impressum:

Copyright © 2014 GRIN Verlag, Open Publishing GmbH
Druck und Bindung: Books on Demand GmbH, Norderstedt Germany
ISBN: 978-3-668-04982-6

Dieses Buch bei GRIN:

http://www.grin.com/de/e-book/305348/kuestenhochwasserschutz-in-norddeutsch-land-reaktion-und-praevention-in

Svenja Skowronski

Küstenhochwasserschutz in Norddeutschland. Reaktion und Prävention in Hamburg

GRIN Verlag

GRIN - Your knowledge has value

Der GRIN Verlag publiziert seit 1998 wissenschaftliche Arbeiten von Studenten, Hochschullehrern und anderen Akademikern als eBook und gedrucktes Buch. Die Verlagswebsite www.grin.com ist die ideale Plattform zur Veröffentlichung von Hausarbeiten, Abschlussarbeiten, wissenschaftlichen Aufsätzen, Dissertationen und Fachbüchern.

Besuchen Sie uns im Internet:

http://www.grin.com/

http://www.facebook.com/grincom

http://www.twitter.com/grin_com

Seminararbeit

Case Study: Küstenschutz in Norddeutschland

Küstenhochwasserschutz in Hamburg

Vorgelegt von: Svenja Skowronski

Inhaltsverzeichnis

1   Einleitung 2

   1.1   Zur Geschichte des Hochwasserschutzes in Hamburg 2

   1.2   Sturmfluten in Hamburg – ein bekanntes Leid 3

2   Das alles verändernde Ereignis – die Sturmflut vom Februar 1962 4

   2.1   Katastrophenabwehr 4

   2.2   Bewältigung der Sturmflutschäden 5

   2.3   Dokumentation der Katastrophe 5

   2.4   Wiederaufbau und Prävention 7

3   Die nächste Flut kommt bestimmt – Sturmflut 1976 9

   3.1   Untersuchungen und Analysen 9

   3.2   Das Drei-Säulen-Prinzip Hamburgs 10

   3.3   Wahrnehmung und Verhaltensvorsorge 14

4   Ausgewählte Projekte des Hamburger Hochwasserschutzes 16

   4.1   Das Tideelbe-Konzept 16

      4.1.1   Kreetsand 17

      4.1.2   Weitere strombauliche Maßnahmen 18

   4.2   Städtebauliche Hochwasserschutzmaßnahmen 19

5   Fazit 21

Literaturverzeichnis

Abbildungsverzeichnis

1   Einleitung

Hamburg ohne die Elbe? Undenkbar! Die Hansestadt hat dem Fluss viel zu verdanken. Der Hafen Hamburgs wurde mitunter durch die Anbindung der Elbe an die Nordsee zu einem der größten europäischen Seehäfen und auch das Stadtbild erlang durch die Nähe zum Fluss seine unverwechselbare Prägung (FREIE UND HANSESTADT HAMBURG, BAUBEHÖRDE – AMT FÜR WASSERWIRTSCHAFT 1993: 3) sowie sein maritimes Flair.

Küstenschutz Hamburg – das hört sich im ersten Moment befremdlich an, da Hamburg mit der Elbe zwar einen Zufluss zur Nordsee hat, die eigentliche Nordseeküste allerdings über 100 km von Hamburg entfernt liegt. Jedoch ist die Elbe bis zur Staustufe in Geesthacht tideabhängig, dadurch erlebt auch Hamburg zweimal täglich das Tidegeschehen   (FREIE UND HANSESTADT HAMBURG, BAUBEHÖRDE – AMT FÜR WASSERWIRTSCHAFT 1993: 3). Somit sind auch die Hochwasserschutzanlagen entlang der Elbe auf Hamburger Stadtgebiet Küstenschutzbauwerke (HINZ 2011: 18)

In dem vorliegenden Teil der Hausarbeit zum Thema „Case Study: Küstenschutz Norddeutschland" wird das Beispiel des Küstenschutzes Hamburg genauer betrachtet. In Bezug zum Vertiefungsseminar „Einführung in die   Naturgefahren- und Risikothematik" basiert die Gliederung auf dem Katstrophenkreislauf nach DIKAU und WEICHSELGARTNER. In diesem Fallbeispiel wird bei dem Punkt der Naturkatastrophe in den Kreislauf eingestiegen, über die Bewältigung, den Wiederaufbau, der Vorbeugung sowie der Vorbereitung schließt sich der Kreis wieder, bis die nächste Katastrophe eintritt.

1.1   Zur Geschichte des Hochwasserschutzes in Hamburg

Der Hochwasser- bzw. Küstenschutz hat in Hamburg bereits eine lange Tradition. Schon im späteren Bereich der Innenstadt diente eine Wallanlage zum Schutz des sächsischen Rast- und Lagerplatzes vor Hochwasser. Die eigentliche Besiedlung wurde durch Friesen und Kaufleuten eingeleitet, welche zum Schutz ihrer Siedlung die ersten Hochwasserschutzmaßnahmen ergriffen, indem sie 70 Meter lange und bis zu acht Meter breite Holzpfähle als ca. eineinhalb Meter hohe „Kästen" errichteten, welche zudem noch mit Boden- und Dungschichten verfüllt wurden. Die unverfüllten Zwischenräume von zwei Metern Breite wurden zweimal täglich von der Flut durchgespült und dienten zusätzlich als Entwässerungs- und Entsorgungsgräben. Diese Kästen wurden für die Bebauung genutzt und waren somit vor dem Tideeinfluss sicher (MAINUSCH 1999: 254).

Im elften Jahrhundert wurden weitere Flächen aufgrund der Bevölkerungsexpansion durch erste Deiche geschützt, die Wallanlage um die spätere Innenstadt war somit der erste Ringdeich um Hamburg. Allerdings konnte der Hochwasserschutz mit der zunehmenden Besiedlung und dem daraus resultierenden Siedlungsflächenwachstum nicht Schritt halten, weshalb die zur Besiedlung genutzten Marschen ungeschützt waren und im Hochwasserfall einer Überschwemmung zum Opfer fielen. Aus dieser Not entstand das erste Warnsystem, basierend auf der Beobachtung der Wasserstände. Stieg das Wasser über eine bestimmte Höhe, wurden Böllerschüsse abgefeuert, wodurch die potentiell gefährdete Bevölkerung vor dem eintreffenden Hochwasser gewarnt werden sollte (MAINUSCH 1999: 254).

Auch die Elbinsel Wilhelmsburg wurde von den damaligen Bewohnern eingedeicht. Die vermutlich durch einen Eisstau auf der Süderelbe entstandenen kleinen Inseln im Bereich der heutigen Elbinsel Wilhelmsburg wurden von ihren Bewohnern durch einen Deich geschützt. Diese Polder wurden dann im Laufe der Zeit zu einem großen System aus Sperrwerken und Schleusen verbunden und schließlich komplett durch einen inselweiten Ringdeich geschützt. Der ebenfalls hochwassergefährdete Bereich südlich der Elbe macht die Besiedlung durch die Errichtung von Warften und der späteren Zusammenfassung zu Poldern und Deichen möglich (MAINUSCH 1999: 255).

Auch die Hochwasserwarnung entwickelte sich weiter. Erste Flutmesser sind aus dem Jahr 1660 bekannt, deren eigentliche Aufgabe es war, den Schiffen den Wasserstand im Hamburger Hafen anzuzeigen, welche aber dennoch in der Hochwasserwarnung Gebrauch fanden. Seit Ende des 18. Jahrhunderts gibt es in Hamburg 18 Flutmesser, an welchen der ansteigende Pegel abgelesen und somit die Bevölkerung durch das Klopfen einer Lanze oder ebenfalls durch Böllerschüsse gewarnt werden konnte (LSBG 2012B: 19).

1.2   Sturmfluten in Hamburg – ein bekanntes Leid

Sturmfluten und somit auch Hochwasser hat es in Hamburg schon immer gegeben. Unter der Vielzahl an Sturmfluten sind dennoch drei Ereignisse besonders hervorzuheben.

Die Weihnachtsflut von 1717 richtete vor allem an der Unterelbe einen großen Schaden an, während Hamburg dank eines Deichbruchs bei Stade vor höheren Wasserständen verschont blieb. Dieses Ereignis war der Auslöser für erste wissenschaftliche Untersuchungen von Wasserständen und Sturmfluten sowie die Information der Bevölkerung über Wasserstände und Windverhältnisse durch eine Tageszeitung (LSBG 2012B: 19 f.).

Anfang Februar 1825 wurde die komplette deutsche Nordseeküste von einer verheerenden Sturmflut heimgesucht. In Hamburg brach ein Stadtdeich, die Wassermassen zerstörten Häuser und machten somit an die 100 Menschen obdachlos. Auch aus dieser Sturmflut wurden Konsequenzen gezogen, ab 1825 war der damals ermittelte Wasserstand von NN + 5,24 Meter und die daraus resultierende neue Deichhöhe von NN + 5,70 Meter ein Richtwert für die Sicherheit Hamburgs (LSBG 2012B: 20).

Der Pegel der Neujahrsflut von 1855 blieb zwar 13 Zentimeter unter dem von 1825, allerdings brachen auch hier zahlreiche Deiche. Besonders betroffen war Wilhelmsburg, die Elbeinsel wurde komplett überflutet. Das Wasser drückte auch gegen die Alsterschleusen, was dazu führte, dass sich die Alster aufstaute und durch sie sonst vor Hochwasser sicherer Stadtteile überflutete (LSBG 2012B: 20).

Die verheerendste Sturmflut war allerdings die vom 16. auf den 17. Februar 1962 (LSBG 2012B: 20).

2 Das alles verändernde Ereignis – die Sturmflut vom Februar 1962

Seit 1855 war Hamburg von schwereren Sturmfluten verschont geblieben, bis zum 16. Februar 1962, ein Ereignis mit weitreichenden Folgen für den Hamburger Hochwasserschutz (LSBG 2012B: 20).

Bereits Anfang Februar erreichten mittlere Sturmfluten Hamburg, eine davon am 12. Februar, bei welcher mit 2,48 Meter über dem mittleren Wasserstand der höchste Pegelwert seit 1954 erreicht wurde (LSBG 2012B: 8). Die Nordsee hatte einen verhältnismäßig hohen „Füllungsgrad", welcher an englischen und schottischen Pegelmessungen belegbar ist. Zudem ließ eine aus dem Atlantik stammende Fernwelle den Wasserstand in der Deutschen Bucht nochmals um 80 Zentimeter steigen. Auch der Oberwasserzufluss der Elbe bei Hamburg war um 400m³/s als das langjährige Mittel (650 m³/s), reichte dennoch nicht den höchsten gemessenen Abflusswert heran (LAUCHT 1966: 73).

2.1 Katastrophenabwehr

Der langanhaltende Sturm „Vincinette" über der Nordsee drückte mit einer Stärke von 9 Beaufort mit Windrichtung Westnordwest das Wasser in die Elbmündung (LSBG 2012B: 8), sodass vom Deutschen Hydrographischen Institut für die Nacht vom 16. auf den 17. Februar eine Sturmflutwarnung herausgegeben wurde. Zahlreiche Helfer der Feuerwehr und des THW sowie der Deichverbände versuchten die Deiche Hamburgs zu sichern. Am Abend spitzte sich die Lage zu, nach anfänglicher Entwarnung für Hamburg gab die Hamburger Polizei gegen Mitternacht die Alarmstufe III aus und die elbnahe Bevölkerung wurde u.a. mit Blaulicht, Sirenen, Kirchenglocken und Einschlagen von Fensterscheiben gewarnt (FREIE UND HANSESTADT HAMBURG 2012). Zusätzlich zum errechneten Tidehochwasser kam die oben genannte Fernwelle, welche die Situation deutlich verschärfte und am Pegel St. Pauli den Wasserstand um einen Meter auf NN + 5,70 Metern steigen ließ. Dieser Wert überstieg den Wert von 1825 um 46 Zentimeter (LSBG 2012B: 8). Somit war auch der Richtwert von NN + 5,70 Metern von 1825 überschritten, was dazu führte, dass 60 Deiche auf einer Länge von 1,5 Kilometern den Wassermassen nicht standhielten (LSBG 2012B: 9). Besonders heikel wurde die Situation auf der Elbinsel Wilhelmsburg. Dort wurden die Menschen im Schlaf von den Fluten überrascht, der Deichbruch am Berliner Ufer am Spreehafen führte zur Überflutung der tiefliegenden Gebiete (FREIE UND HANSESTADT HAMBURG 2012). Das Hochwasser schloss 60.000 Menschen ein (LSBG 2012B: 8), eine Warnung war durch den Ausfall von Telefon und Strom nicht mehr möglich. Der höchste Wasserstand mit + 5,70 m NN wurde um 3:07 Uhr am Pegel St. Pauli gemessen (FREIE UND HANSESTADT HAMBURG 2012).

2.2   Bewältigung der Sturmflutschäden

Schon am frühen Morgen des 17. Februars übernahm der damalige Polizeisenator Helmut Schmidt die zentrale Führung, um schnelle und effektive Hilfsmaßnahmen in die Wege zu leiten. Er sandte der Hamburger Bevölkerung Bundeswehr- und NATO-Streitkräfte zur Hilfe, aber auch zahlreiche Hamburger Bürger halfen sich untereinander. Schmidt brach aufgrund des Bundeswehr-Einsatzes im Inland mit der Verfassung, erst 1968 wurde eine Klausel dem Grundgesetz hinzugefügt, dass die Bundeswehr im Katastrophenfall bei zivilen Aufgaben im Inland agieren darf (LANGE U. GARRELTS 2008: 75). Am Morgen des 17. Februar wurde das Ausmaß der Katastrophe sichtbar. 100.000 Menschen waren vom Wasser eingeschlossen, ein Sechstel des Hamburger Stadtgebiets war überflutet worden, die Stromversorgung war komplett, die Wasser-, Gas- und Telefonleitungen waren nur in den betroffenen Gebieten zusammengebrochen. Sofort wurde mit Evakuierungsmaßnahmen mittels Hubschraubereinsätzen, Schlauch- und Sturmbooten begonnen, wodurch 2.000 Menschen aus unmittelbarer Lebensgefahr gerettet und in Auffanglager gebracht wurden. Am 18. Februar wurde auch mit der externen Hilfe begonnen, Bundeswehr- und NATO-Streitkräfte kamen zum Einsatz, zudem halfen zahlreiche, zum Teil ehrenamtliche Helfer bei der Evakuierung und dem Wiederaufbau. Zudem bekamen alle Flutopfer ein Handgeld von 50 DM und zügig staatliche finanzielle Hilfe (FREIE UND HANSESTADT HAMBURG 2012).

Trotz der zeitnahen Hilfe offenbarte das Katastrophenmanagement in diesem Fall erhebliche Mängel. Zudem muss erwähnt werden, dass vor der Sturmflut 1962 kein Katastrophenschutzplan für Hamburg existierte und dies somit die fehlende Koordinierung zum Teil rechtfertigte. Es wurde, obwohl eine Sturmflutwarnung bekannt war, zu spät reagiert (erst um 21 Uhr wurde Alarmstufe III rausgegeben), es herrschte Uneinigkeit über die Höhenangaben der Pegel, die Dienststellen der Rettungskräfte waren zu später Stunde nicht mehr besetzt, sodass unter anderem auch keine effektive Warnung der Bevölkerung mehr durchgeführt werden konnte (LANGE U. GARRELTS 2008: 74).

2.3   Dokumentation der Katastrophe

Nach den ersten Aufräumarbeiten wurde das Ausmaß der Katastrophe deutlich. Die Sturmflut hatte in Hamburg 315 Menschen das Leben gekostet, 60.000 Menschen südlich der Elbe waren obdachlos (LANGE U. GARRELTS 2008: 74) und es wurden erhebliche Sachschäden verzeichnet (GÖNNERT U. TRIEBNER 2004: 119). Aufgrund von über 60 Deichbrüchen entlang der Elbe im Stadtgebiet wurden große Teile von Hamburg überschwemmt, teilweise stand das Wasser noch vier Wochen nach der Sturmflut in tiefer liegenden Gebieten (HINZ 2011: 18).

Infolgedessen setzten das Parlament und der Senat Hamburgs jeweils einen Ausschuss zur Klärung der Ursache und des Sachverhalts ein. Das Hamburger Parlament (Bürgerschaft) rief den aus Politikern bestehenden „Sonderausschuss Hochwasserkatastrophe" ins Leben, welcher sich ein umfassendes Bild von der Sturmflutkatastrophe machen sollte. Dies geschah u.a. durch öffentliche Sitzungen des Ausschusses und durch die Befragung Betroffener und Beteiligter. Der Senat

(Regierung) hingegen gründete den „Sachverständigenausschuss zur Untersuchung des Ablaufs der Flutkatastrophe" (LAUCHT 1966: 72).

Beide Ausschüsse stellten im Laufe ihrer Untersuchungen erhebliche Mängel am Zustand vieler Deiche sowie an den Organisationsformen fest (LAUCHT 1966: 72). Nicht nur der immense Wasserstand war ein Auslöser für diese Katastrophe, sondern auch der desolate Zustand vieler Deiche. Bis zur Sturmflut 1962 galt die maßgebende Höhe von NN + 5,70 Meter für die Deiche, welche nach der Sturmflut von 1825 festgelegt wurde (LSBG 2012: 20). Seither wurde sich nur gering um das veraltete Deichsystem gekümmert (LANGE U. GARRELTS 2008: 75), die letzten Verbesserungsmaßnahmen wurden in den Jahren 1924/25 unternommen (GÖNNERT 2011: 52).

Aber nicht nur die Deiche waren in einem unzureichenden Zustand, auch das Bewusstsein für eine Hochwassergefahr in Folge einer Sturmflut war rund 100 Kilometer landeinwärts gering (GÖNNERT U. TRIEBNER 2004: 119), zudem blieb Hamburg lange Zeit von größeren Sturmfluten verschont (GÖNNERT 2011: 52). Dementsprechend nahm ein Großteil der Hamburger Bevölkerung die Warnungen nicht ernst oder hörten diese erst gar nicht, da auch dem Warnsystem über einen längeren Zeitraum keine Aufmerksamkeit bezüglich Verbesserungsmaßnahmen geschenkt wurde (LANGE U. GARRELTS 2008: 75).

Erst durch die Holland-Sturmflut von 1953 geriet die Gefahr einer Sturmflut wieder in das Bewusstsein der Hansestädter. Diese Sturmflut galt als Warnung an die Hamburger, obwohl weder die deutsche Küste noch Hamburg in diesem Fall betroffen waren. Ausgelöst durch die verheerenden Zerstörungen in den Niederlanden wurden auch in Hamburg Stimmen laut, die eine Deichverstärkung bzw. –erhöhung forderten. Im Zeitraum von 1955 bis 1961 wurde nur ein kleiner Teil des eigentlichen Vorhabens realisiert, vor allem besonders auffällige Schwachstellen von einer Gesamtlänge von 30 Kilometern wurden verstärkt. Dennoch ging das Bauvorhaben nur schleppend voran, da der Nachdruck durch die entsprechende Rechtsgrundlage fehlte. Für 1962 war ein weiterer Bauabschnitt geplant, allerdings wurde dieses Vorhaben von der Februar-Sturmflut durchkreuzt und später durch eine grundlegende Verbesserung aller Hamburger Deiche ersetzt werden (LAUCHT 1966: 73).

2.4 Wiederaufbau und Prävention

Die „Jahrhundertsturmflut" von 1962 forderte eine grundsätzliche Neukonzipierung des Hamburger Hochwasserschutzes (LANGE U. GARRELTS 2008: 75). Grundlegende Änderungen im juristischen und bautechnischen Bereich, sowie in der Wahrnehmung, der Analyse und Prävention sollten einer weiteren immensen Katastrophe vorbeugen und einer Hochwasserprävention mehr Struktur verleihen.

Im Folgenden werden die jeweiligen Teilbereiche näher erläutert.

Änderung der Rechtsgrundlagen in Hamburg

Nach der Sturmflut 1962 war es notwendig, den Hochwasserschutz neu zu konzipieren. Dies geschah auch im Bereich der Gesetze und Verordnungen, welche diesen Bereich tangieren.

Nachdem die unmittelbaren Flutschäden beseitigt waren, kam es zum ersten und einem der wichtigsten Veränderungen. Im April 1964 wurde das Deichordnungsgesetz verabschiedet, wodurch die bestehenden und neu zu errichtenden Hochwasserschutzanlagen von den Deichverbänden in den öffentlichen Besitz der Stadt Hamburg übergingen (MAINUSCH 1999: 258). Ab diesem Zeitpunkt war es eine staatliche Aufgabe, die Hochwasserschutzanlagen Instand zu halten und gegebenenfalls auszubessern. Dennoch blieben die Deichverbände als Mitglieder des Unterausschusses der Baudeputation (LANGE U. GARRELTS 2008: 79) am Hochwasserschutz und bei der Mitwirkung an der Deichverteidigung beteiligt (MAINUSCH 1999: 258).

Zudem regeln in Hamburg zahlreiche Verordnungen den Hochwasserschutz. Anders als in Niedersachsen ist das Deichrecht allerdings im Hamburgerischen Wassergesetz sowie den daraus abgeleiteten Verordnungen geregelt. Diese behandeln den Bau, die Unterhaltungen sowie die Verteidigung und die Deichschauen. Darüber hinaus regeln die Deichordnung den öffentlichen, die Polderordnung den privaten Hochwasserschutz (LSBG 2012B: 23). Die 1964 in Kraft getretene Katastrophenschutzordnung regelt die Aufgaben und Zuständigkeiten von mitwirkenden Behörden, denn im Einsatzfall liegt die Weisungsbefugnis bei der Behörde für Inneres. Diese hat demnach die Ermächtigung, Maßnahmen anzuregen und zu koordinieren. 1978 wurde das Hamburger Katastrophenschutzgesetz erlassen, welches gemeinsam mit der Katastrophenschutzordnung (1983) und der Allgemeinen Richtlinie für den Katastrophenschutz (1984) die juristischen Grundlagen für den Katastrophenschutz in Hamburg sind (LANGE U. GARRELTS 2008: 81).

Bautechnische Hochwasserschutzmaßnahmen

Auch im Bereich des baulichen Hochwasserschutzes kam es zu grundlegenden Veränderungen nach 1962. Das neue Schutzkonzept sah vor allem im ländlichen Stadtgebiet eine Vorverlegung des Deiches vor. Mittels diesen Bauvorhabens sollte die Hauptdeichlinie einen möglichst geraden Verlauf erhalten (MAINUSCH 1999: 258) und auf rund 100 Kilometer verkürzt werden (GÖNNERT U. TRIEBNER

2004: 119). Ziel waren es neue, leistungsfähigere Deiche und Hochwasserschutzwände zu bauen, die auch kommenden Sturmfluten standhalten. Die Vorverlegung der Deiche war unter gewässerökologischen Belangen allerdings nicht die beste Lösung. Dass mehr Flutraum, also eher eine Rückverlegung der Deiche, mehr Flutschutz bedeutet, war im Bewusstsein der Bevölkerung und der zuständigen Behörden damals nicht präsent (MAINUSCH 1999: 258). Stattdessen wurde das Vorland durch diese Maßnahme um mehr als 1000 Hektar verringert, wodurch der Scheitelwert einer Sturmflut um 50 Zentimeter anstieg (BUß 2001: 32). Das damalige Deichbauprogramm sah zudem noch eine Erhöhung um 1,50 Meter auf eine endgültige Deichhöhe von 7,20 Meter vor (GÖNNERT 2011: 54). Auch beim Deichbau selbst wurden Konsequenzen aus der verheerenden Sturmflut gezogen. Anders als bei den 1825 errichteten Deichen, welche der Jahrhundertsturmflut nicht standhielten, wurde auch auf die Deichneigung geachtet. Frühere Deiche hielten dem Wasser auf der Seeseite stand, beim Überströmen jedoch wurde die Binnenseite meist so geschädigt, dass landseitig die Zerstörung des Deiches eintrat. Um dem entgegenzuwirken wurde ein Neigungsverhältnis von 1:3 festgelegt, welches in Zukunft eine langseitige Zerstörung des Deiches durch überströmendes Wasser verhindern sollte. Des Weiteren wurde der Erfordernis nachgegangen, echte Deichverteidigungsstraßen zu schaffen. Bisher lagen Straßen, welche dem öffentlichen Verkehr dienten sowie Leitungen aller Art und Straßenbeleuchtungen enthielten, auf den Deichen. Im Falle einer Sturmflut konnten diese Straßen, mitunter durch die Überflutung landseitiger Polder, nicht mehr genutzt werden. Im Bauprogramm zur Verbesserung der Deiche war deshalb vorgesehen, dass die Deiche erhöht und die neuen Deichverteidigungsstraßen auf Höhe der alten Deichkronen liegen werden. Zudem wurde festgelegt, dass Deichverteidigungsstraßen immer einen Meter über dem Gelände sowie niemals außerdeichs liegen dürfen (FREISTADT 1966: 11).

Der Hamburger Hafen fiel der Sturmflut ebenfalls zum Opfer. Der materielle Schaden an öffentlichen und privaten Gütern bezifferte sich auf 45 Mio. Euro, Menschenleben waren nicht zu beklagen. Auch im vorher als sturmflutsicher geglaubten Hafen wurden Hochwasserschutzmaßnahmen ergriffen. Der Leitgedanke hierbei war ein möglichst weitgehender Flächenschutz bei möglichst kleinen Grundstücks-, Entschädigungs-, Bau- und Unterhaltungskosten (LAUCHT 1965: 22). Allerdings musste hierbei zwischen den Kosten und dem Nutzen abgewogen werden. Die Stadt führte zeitnah eine Sicherung der technischen Infrastruktur des Hafens durch, bei öffentlichen und städtischen Anlagen wurden beispielsweise besonders wichtige Teile wie Fernsprechanlagen geschützt und mit Notstromaggregaten versehen. Die zuständige Behörde der Stadt fungierte auch im Rahmen des privaten Hochwasserschutzes als beratende Institution, indem sie aufklärend und mit allgemeinen Empfehlungen die privaten Hafenakteure unterstützte (LAUCHT 1965: 25).

Die bis 1976 fertig gestellten Schutzvorkehrungen beliefen sich auf 100 Kilometer Deich, wovon drei Viertel aus Erddeichen und der Rest Hochwasserschutzwänden bestand (MAINUSCH 1999: 258).

3 Die nächste Flut kommt bestimmt – Sturmflut 1976

Zu Beginn des Jahres 1976 wurde Hamburg erneut von einer Sturmflut getroffen. Diese stellte sich als noch schwerwiegender als die „Jahrhundertsturmflut" von 1962 heraus. Mit einem Wasserstand von NN + 6,45 Meter am Pegel St. Pauli wurde der bisher höchste Wasserstand gemessen und übertraf den Pegel von 1962 um 75 Zentimeter (BUß 2001: 31). Dank der massiven Verbesserungen an den Küstenschutzbauwerken brach in Hamburg keiner der Deiche, sodass an diesen kaum Schäden zu beklagen waren (ROSENHAGEN 2007: 82). Allerdings standen fast ausnahmslos alle Hafenanlagen unter Wasser, wodurch zahlreiche Güter verdarben und dadurch einen Schaden in Millionenhöhe verursachten (LSBG 2012B: 20).

Nach der Sturmflut 1976 war es ein großes Anliegen Hamburgs, die Stadt noch sicherer gegen zukünftig immer häufiger auftretende Sturmfluten zu schützen. Demnach wurde der öffentliche Hochwasserschutz ergänzt und der private Hochwasserschutz mit bis zu 75% staatlich gefördert (GÖNNERT U. TRIEBNER 2004: 119).

Ebenso, wie nach der „Jahrhundertsturmflut" von 1962 auch, gab es nach dieser zahlreiche Veränderungen und Verbesserungen, um Hamburg noch sicherer gegen kommende Sturmfluten zu machen.

3.1 Untersuchungen und Analysen

Hamburg wurde das zweite Mal innerhalb von 14 Jahre von einer zerstörerischen Sturmflut heimgesucht. Obwohl nach der ersten Sturmflut von 1962 zahlreiche Änderungen und Verbesserungen seitens des Hochwasserschutzes stattgefunden haben, gab erst die Sturmflut von 1976 den Anstoß dafür, eine Sturmflutforschung ins Leben zu rufen. 1985 setze der Senat die „Unabhängige Kommission Sturmfluten" ein, dieser sollte Lösungen für einen effektiveren Hochwasserschutz hervorbringen. In dessen ersten Bericht wurde festgelegt, dass die Sollhöhe der bisherigen Schutzmaßnahmen deutlich angehoben werden müssen. Begonnen wurde mit besonders gefährdeten Erddeichabschnitten, welche im Mittel um 0,5-0,8 Meter erhöht werden sollten (MAINUSCH 1999: 259).

3.2 Das Drei-Säulen-Prinzip Hamburgs

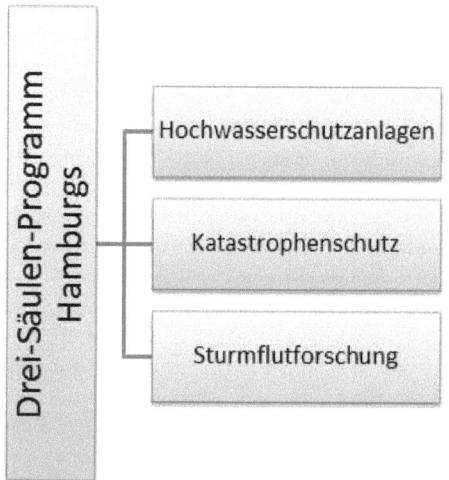

Abb. 1: *Das Drei-Säulen-Programm der Stadt Hamburg. Eigene Darstellung, verändert nach* GÖNNERT U. TRIEBNER *2004: 119.*

Als Reaktion auf die Sturmflut 1976 wurde in Hamburg das „Drei-Säulen-Programm" vorgestellt. Es besteht aus den drei Komponenten „Hochwasserschutzanlagen", „Katastrophenschutz" und „Sturmflutforschung" (GÖNNERT U. TRIEBNER 2004: 119).

Säule 1 - Hochwasserschutzanlagen

Bei den Hochwasserschutzanlagen wird zwischen dem öffentlichen und privaten Hochwasserschutz, sowie dem Objektschutz unterschieden.

Der öffentliche Hochwasserschutz umfasst die komplette Hauptdeichlinie, den Schutz der Bevölkerung sowie den Bau und die Instandhaltung der Schutzvorrichtungen. Die Hauptdeichlinie besteht aus 77,5 Kilometern Deich und 22,5 Kilometern Hochwasserschutzwänden. Zudem können Elbenebenarme durch sechs Sperrwerke abgeschottet werden. Die momentane Schutzhöhe liegt zwischen NN + 7,20 und NN + 9,25 Meter. Diese Höhendifferenz lässt sich durch das Sturmflutkonzept erklären, dessen Credo „Gleiche Sicherheit aber nicht gleiche Höhe" ist. Somit schwanken die Höhen der Deichkronen nach örtlichen Gegebenheiten, da auch Faktoren wie u.a. Wellenauflaufhöhe mit in die Planungen eingegangen sind, welche örtlich variieren (GÖNNERT U.

TRIEBNER 2004: 120). Es erfolgte ebenfalls eine Neubemessung und Erhöhung der Deiche im Mittel um einen weiteren Meter und zusätzlich mit einer Ausbaureserve von 0,80 Meter bei den Sturmflutschutzwänden (GÖNNERT 2011: 52). Auch das Deichprofil wurde verändert. Eine Verbreiterung des Deichfußes und somit eine flachere Böschungsneigung sollten Hamburg gegen eine Überflutung schützen. Diese notwendigen Verbreiterungen wurden erst nach 1976 vollzogen, vorher wurden die Deiche nur erhöht, was zu einer mangelnden Standsicherheit führte (LSBG 2012B: 11). Allerdings erfolgten die Verstärkung der Deiche und der Bau von Sperrwerken zulasten der Ausdehnungsgebiete für das Wasser während einer Sturmflut (STOCKMAN 2011: 56). Bei den Überlegungen für den langfristigen Schutz Hamburgs vor solchen Sturmfluten wurde auch die Möglichkeiten eines Sperrwerkes außerhalb von Hamburg sowie eines Polders an der Elbemündung bei Cuxhaven in Betracht gezogen. Diese Ideen scheiterten allerdings an der Zustimmung der beteiligten Bundesländer. Auch ein Sperrwerk in Hamburg stellte die Planer vor unbeantwortete Fragen seitens der Bautechnik als auch der Auswirkungen eines solchen Baus auf die Sturmfluthöhe. Zudem zöge ein solches Sperrwerk massive Behinderungen des Schiffsverkehrs mit sich, welche wiederum Einfluss auf die Hafenentwickung hätte (MAINUSCH 1999: 258 f.). Somit konnte in Hamburg nur noch mit einer weiteren Erhöhung der vorhandenen oder mit dem Neubau von Hochwasserschutzanlagen auf die Sturmflutgefahr reagiert werden. Auf dem Übergangsprogramm der 1980er Jahre baute das „Bauprogramm Hochwasserschutz" auf, welches bis 2007 das Ziel hatte, die gesamte öffentliche Hochwasserschutzlinie zu verstärken und im Durchschnitt um einen Meter zu erhöhen. Dabei wurde nicht überall um einen Meter erhöht, sondern individuell auf die örtlichen und hydrologischen Bedingungen geachtet. Dabei wurde bei den meisten Abschnitten eine Schutzhöhe von NN +8,0 bis NN + 8,50 Meter umgesetzt. Diese Methode ist nicht nur kostensparender, sondern verringert auch den Flächenverbrauch, sowie die Enteignung von Deichanliegern (MAINUSCH 1999: 260). Eine Deicherhöhung zieht immer einen zusätzlichen Flächenbedarf mit sich, weshalb die Deiche nur wasserseitig verbreitert werden konnten. Die dadurch entstandenen Vorlandbeeinträchtigungen wurden aufgrund des Natur- und Landschaftsschutzes durch Deichrückverlegungen an geeigneten Stellen kompensiert (MAINUSCH 1999: 261). Im urbanen Umfeld konnte aufgrund des Platzmangels nur Hochwasserschutzanlagen mit einer angepassten technischen Lösung realisiert werden. Beispiele hierfür sind die Anlagen im Innenstadtbereich, welche auch gleichzeitig als Promenade genutzt werden können (GÖNNERT U. TRIEBNER 2004: 120; LSBG 2013). Vor allem in Durchgangsbereichen zwischen dem Hinterland und dem Wasser müssen Öffnungen in Deichen und Hochwasserschutzmauern im Ernstfall durch Tore verschlossen werden. Diese Öffnungen stellen potentielle Schwachstellen des Systems dar und sollten wenn möglich auf eine geringe Zahl reduziert werden. Eine bessere Lösung sind Rampen oder Treppen, welche über die Schutzbauwerke führen und somit gleichbleibende Sicherheit gewährleisten (HINZ 2011: 20).

Der private Hochwasserschutz erfuhr erst nach der Sturmflut 1976 eine größere Beachtung (VON LIEBERMAN 2011: 252). Seit 1976 gibt es das „Rahmenkonzept zur Verbesserung des Sturmflutschutzes", ein Anliegen, welches u.a. den privaten Hochwasserschutz im Hafen regelt. Dort gilt es vor allem wertvolle Güter und Anlagen zu schützen (LANGE U. GARRELTS 2008: 78), denn die Beeinträchtigung oder schlimmstenfalls der Ausfall der Hafenwirtschaft würde zu enormen Erschwernissen führen (LAUCHT 1965: 22). In der Regel dient der private Schutz den privaten Industrie- und Hafenanlagen, aber auch zunehmend eingepolderten Wohngebieten. Private Anlagen fallen nicht unter den zu schützenden Bereich der Stadt, diese Flächen müssen von den Eigentümern selbst Instand gehalten und gegen Hochwasser verteidigt werden. Privater Hochwasserschutz wird vor allem im Hafen betrieben. Dort schützen sowohl 48 Einzel- und Gemeinschaftspolder als auch drei Sperrwerke eine Fläche von circa 2.300 Hektar auf einer Länge von insgesamt 109 Kilometer die Umschlags- und Lagereinrichtungen. Die Idee eines vollständigen Schutzes mittels einer kompletten Eindeichung o. ä. wurde bereits 1965 verworfen, da dies nicht nur zu immens hohen Kosten, sondern auch zu einem aktionsunfähigen Hafen und einem enormen Flächenbedarf führe (LAUCHT 1965: 24). Dominante Hochwasserschutzbauwerke sind darum vor allem Spundwände und Stahlbetonkonstruktionen, welche einen geringeren Flächenbedarf als andere bauliche Anlagen haben (GÖNNERT U. TRIEBNER 2004: 121). Aber nicht nur im Hafen wird privater Hochwasserschutz vollzogen, auch auf privaten Flächen. Darunter fallen die Flächen, welche aufgrund ihres Zuschnitts oder ihrer materiellen Schutzbedürftigkeit seitens finanziellen, technischen oder bürokratischen Aufwands nicht durch öffentlichen Schutz gerechtfertigt werden können. Um trotzdem einen Schutz gewährleisten zu können, steht die Stadt Hamburg den privaten Akteuren finanziell und beratend zur Seite. Die Vorkehrungen reichen von einzelnem Gebäude- und Grundstücksschutz bis hin zu Poldergemeinschaften, ein Zusammenschluss mehrerer Grundstücke zum Schutz vor Hochwasser (MAINUSCH 1999: 261).

Den dritten Teilbereich des Hochwasserschutzes bildet der Objektschutz. Hierbei werden nur einzelne Gebäude oder Objekte singulär geschützt, womit die Eindeichung der Objekte und somit hohe Baukosten entfallen. Beim Objektschutz werden entweder bodentiefe Öffnungen mit einer Art Flutschutztor verschlossen oder das komplette zu schützende Objekt wurde idealerweise auf einer Warft gebaut. Bekanntes Beispiel für diese Art von Hochwasserschutz ist die HafenCity Hamburg (HINZ 2011: 18), welche sich außerhalb der Hamburger Hauptdeichlinie befindet und auch nicht dem öffentlichen Hochwasserschutz unterliegt (GÖNNERT 2011: 54). Die weitere Erhöhung solcher Warften stellt sich jedoch als schwierig heraus. Auch historische Warften, welche durch Deiche verbunden und in die Schutzlinie mit einbezogen sind, können nur sehr schwer weitere Erhöhungsprozesse durchlaufen (HINZ 2011: 18)

Säule 2 – Katastrophenschutz

Eine weitere Säule in dem speziellen Programm für Hamburg ist der Katastrophenschutz. Dieser setzt sich aus zwei Teilen zusammen, zum einen der „Zentrale Katastrophendienststab" (ZKD) und der „Hamburger Sturmflutwarndienst" (WADI). Der ZDK wird von der Behörde für Inneres gelenkt und ist für die Koordinierung der regional jeweils zuständigen Katastrophendienststäbe in den einzelnen Bezirken und im Hafen. Unterstützung erfährt jener durch private Hilfsorganisationen wie dem Technischen Hilfswerk oder der Bundeswehr. Ab einem erwarteten Wasserstand von NN + 4,50 Meter nimmt der ZDK seine Arbeit auf (GÖNNERT U. TRIEBNER 2004: 121). Der zweite Dienststab, welche im Katastrophenfall agiert, ist der „Hamburger Sturmflutwarndienst", kurz WADI. Auch dieser ist ein Resultat aus der Sturmflutforschung. Zu den Aufgaben des WADI gehören u.a. die Entwicklung eines Berechnungsmodell, mit welchem der voraussichtliche Wasserstand sowie die Eintrittszeit für das Hamburger Stadtgebiet vorhergesagt werden kann (LANGE U. GARRELTS 2008: 79). Des Weiteren gibt der WADI die Sturmflutwarnung an die zuständigen Behörden weiter, welche dann die Bevölkerung ab einer Höhe von NN + 4,50 Meter am Pegel St. Pauli über Funk und Telefonansagen warnt. Zudem entwickelte der WADI ein sehr differenziertes Sturmflutwarnsystem, welches an Wasserstandsstufen angepasst ist (LEHMANN 2007: 1). Diese Kategorisierung reicht von einer bloßen Sturmflutwarnung bis hin zur Evakuierung ganzer Stadtteile. Eine weitere Aufgabe ist die Prävention und Information für die Bevölkerung. Der WADI informiert die Bürger und führt Sturmflutübungen mit ihnen durch (GÖNNERT U. TRIEBNER 2004: 121).

Ein weiteres Anliegen des Katastrophenschutzes ist die Verbesserung der Kommunikation im Fall einer Sturmflut sowie die einzuleitenden Maßnahmen. Darüber hinaus wird verstärkt Wert auf die Information der Bürger gelegt mittels Broschüren (GÖNNERT 2011: 54) oder in Internet abrufbaren Sturmflutmerkblättern in fünf Sprachen für alle acht Regionen (LANGE UND GARRELTS 2008: 77).

Säule 3 – Sturmflutforschung

Die dritte Komponente bildet die Sturmflutforschung. Wie oben bereits erwähnt, wurden nach den beiden Sturmfluten Kommissionen und Ausschüsse eröffnet, welche die Ursachen und Wirkungen der Sturmfluten näher beleuchtet und Lösungen für den Hochwasserschutz und das Katastrophenmanagement geben sollten.

Seit 1976 ist es nun die Aufgabe der Sturmflutforschung, den Sturmflutschutz an zukünftige Sturmflutentwicklungen anzupassen (GÖNNERT U. TRIEBNER 2004: 119).

Speziell die Hamburger Sturmflutforschung unterteilt sich in vier Bereiche: Zuerst die Kontrolle der Hochwasserschutzanlagen mit ihrer kontinuierlichen Überprüfung der Bemessungswasserstände.

Bemessungswasserstand: „[...] der für einen vorgegebenen Zeitraum zu erwartende höchste Wasserstand, auf den eine Hochwasserschutzanlage unter Berücksichtigung des säkularen Meeresspiegelanstiegs [...] und des Oberwasserzuflusses zu bemessen ist."

(GÖNNERT U. TRIEBNER 2004: 122)

Der zweite Bereich ist die Beobachtung der Sturmflutentwicklungen, vor allem modifiziert durch klimatologische, natürliche oder anthropogene Veränderungen. Des Weiteren gehört die Überprüfung des Sturmflutvorhersageverfahrens dazu sowie abschließend die Analyse der gewonnenen Erkenntnisse (GÖNNERT U. TRIEBNER 2004: 121).

Darüber hinaus nimmt die Stadt Hamburg an zahlreichen anderen Forschungsprojekten teil, die zum Teil sich nicht nur ausschließlich mit Sturmfluten beschäftigen, sondern auch mit Binnenhochwasser (EU-Projekt „FLOWS"),Strategien der Stadtentwicklung an Wasserlagen (URBAN DEVELOPMENT)und dem Klimawandel (Climate+ - Forschungsverbund Hamburg Climate Change Cluster). Zu den stadteigenen Binnenhochwassermanagementinstrumenten gehört ein detailliertes Kataster kleiner und mittlerer Bachläufe mit der Festlegung von 170 kritischen Punkten, an denen es potentiell zu Binnenhochwässern kommen kann (LANGE U. GARRELTS 2008: 77).

3.3 Wahrnehmung und Verhaltensvorsorge

Neben der baulichen, juristischen und finanziellen Vorsorge sollte beim Hochwasserschutz auch der Aspekt der Wahrnehmung nicht missachtet werden. Daher muss auch in vermeintlich „ruhigen" Zeiten eine adäquate Bürgerinformation sowie Übungen und weitere Sturmflutforschung betrieben werden, um die Gefahr einer Sturmflut sowie ihrer Auswirkungen in den Köpfen der Bevölkerung präsent zu halten (GÖNNERT 2011: 54). Dass eine Missachtung dieses Aspektes fatale Auswirkungen haben kann, liefert das Beispiel der Sturmflut von 1962. Damals, erstmalig nach einer Pause von rund 100 Jahren, traf wieder eine Sturmflut auf die Küsten Hamburgs (GÖNNERT U. TRIEBNER 2004: 119). Nicht nur der fehlende Katastrophenschutzplan und das fehlende Katastrophenschutzmanagement, sondern auch die Missachtung und Verharmlosung der Gefahr seitens der Bevölkerung ließen Warnungen und Evakuierungen missglücken (LANGE U. GARRELTS 2008: 75). Im Rahmen der Internationalen Bauausstellung (kurz IBA, 2009-2013) wurden drei Projekte unter den Leitbildern „Stadt im Klimawandel" und „Metrozonen" vorgestellt, die mitunter auch dazu beitragen sollen, die Elbe und ihre Gefahren seitens Hochwasser wieder in das Bewusstsein der Elbanlieger zu rufen. Ein Beispiel hierfür ist das IBA-Projekt „Deichpark Elbinseln". Der „Deichpark" soll wörtlich gesehen sowohl die Aspekte der Sicherung und des Schutzes eines Deiches übernehmen als auch die ästhetische Funktion eines Parks mit Funktionen der Freizeit und der Erholung (STOCKMAN 2011: 58). Durch die doppelte Funktion (Hochwasserschutz und Freizeit) sollen die Elbinselbewohner und die Hamburger Bevölkerung für die Notwendigkeit eines Deiches sensibilisiert werden. Das Bewusstsein auf einer Elbinsel zu leben sowie zugängliche Stellen zur Elbe zu finden, war sehr gering. Dementsprechend negativ war die Wahrnehmung der Deiche. Ziel des Projekts ist es, den Deich wieder als wichtigen Bestandteil der Lebenswelt der Elbinselbewohner und als verbindendes Element zwischen Deichvor- und Hinterland zu machen (STOCKMAN 2011: 58, IBA 2012B). Das Projekt „Deichpark Elbinseln" beinhaltet noch die Projekte „Öffnung des Spreehafens" und „Kreetsand". Letzterem wird in einem nachfolgenden Kapitel der Hausarbeit mehr Beachtung geschenkt.

Um im Ernstfall bestmöglich agieren zu können, bedarf es nicht nur der Deichpflege, sondern auch zahlreicher Übungen, Infobroschüren und einer reibungslosen Kommunikation. Oberstes Gebot des Hamburger Sturmflutschutzes ist die Sicherheit. Dementsprechend rücken die Deiche hierbei in den Vordergrund. Seitdem die Deiche und Hochwasserschutzanlagen 1964 durch das Deichordnungsgesetz in das Eigentum der Stadt Hamburg übergegangen sind (MAINUSCH 1999: 258), werden regelmäßig Überwachungen durch die Deichaufsicht durchgeführt. Die sogenannten „Deichschauen" finden jährlich zu Beginn und zum Ende der Sturmflutsaison statt. Im Namen der Stadt Hamburg und verpflichtet durch das Hamburger Wassergesetz und die Deichordnung übernimmt der Landesbetrieb Straßen, Brücken und Gewässer (kurz LSBG) diese Aufgaben sowie die Aufstellung eines Deichverteidigungsplans. Zudem gibt es noch rund 300 Deichverteidiger, die in eigens dafür geschaffenen Schulungszentren auf ihren Einsatz ausgebildet werden. Damit der Ernstfall auch praktisch geübt werden kann, finden jährlich an die 30 Alarmierungs- und Deichverteidigungsübungen statt. Somit soll mitunter die Kommunikation für den Fall eines

Telefonausfalls dadurch geprobt werden. Damit überall jederzeit schnell eine schützende Barriere errichtet werden kann, befinden sich zwölf elbnahe Sandsackdepots im Hamburger Stadtgebiet. In diesen lagern ständig circa 210.000 gefüllte Sandsäcke transportbereit auf Paletten (LSBG 2012: 40). Die gesamte öffentliche Hochwasserschutzlinie ist zudem in Deichwartabschnitte unterteilt, welche im Ernstfall von einem Deichwart hinsichtlich des Zustands der Verschlüsse, Schäden und Probleme überprüft werden. Somit kann eine genaue und zeitnahe Angabe erfolgen, wo es den Deich im Sturmflutfall zu schützen gilt. Unterstützt werden die Deichverteidiger durch die Feuerwehr, das THW und weiteren Helfern. Koordiniert wird das Krisenmanagement vom Zentralen Katastrophendienststab (kurz ZDK). Ab einer vorhergesagten Pegelhöhe von NN +4,50 Metern nimmt der ZDK seine Arbeit auf (LSBG 2012B: 41).

Zuletzt muss auch die Bevölkerung im Ernstfall gewappnet und informiert sein. Dazu wurden für alle Bezirke Informationsunterlagen in Form von Broschüren oder einer Internetpräsenz erarbeitet, die an die betroffenen Haushalte verteilt werden. Diese enthalten Hinweise zum Verhalten bei einer Sturmflut und Sturmflutmerkblätter mit Informationen über die Gefahren- und Evakuierungsgebiete, die Sammelstellen und Notunterkünfte (LSBG 2012B: 41). Auch mit den Bürgern werden Übungen durchgeführt. Die letzte große Übung fand 2006 statt, in welcher eine Sturmflut mit einem noch nie aufgetretenen Wasserstand von NN + 6,70 Meter simuliert wurde. Dabei mussten 850 Menschen aus dem Hafengebiet evakuiert werden, sowie ein Seniorenstift geräumt und ein Bahnunfall mit Gefahrengutaustritt bewältigt werden (LANGE U. GARRELTS 2008: 82).

4 Ausgewählte Projekte des Hamburger Hochwasserschutzes

Hamburg betreibt in vielerlei Hinsicht Hochwasserschutz, sei es durch eine nachhaltige Stadtentwicklung wie es in der HafenCity der Fall ist oder die Elbe betreffend durch das Tideelbe-Konzept der Hamburg Port Authority (kurz HPA). Beide Schutzsysteme werden im Folgenden genauer dargestellt.

4.1 Das Tideelbe-Konzept

Die Elbe unterliegt ab Hamburg bist zur Mündung in die Nordsee dem ständigen Wechsel der Gezeiten, daher auch die Bezeichnung Tideelbe (FREITAG ET AL. 2007: 69). Das Elbe-Ästuar wird gekennzeichnet durch einen natürlichen, sehr intensiven Feststofftransport sowie daraus folgende Umlagerungen und Neubildungen von Sanden und Inseln. Der intensive Einfluss des Menschen durch Eindeichungen von Marschen oder die Abschottung von Nebenflüsse durch Sperrwerke haben u.a. dazu geführt, dass tidebeeinflusste Überflutungsflächen und Flutraum, auf welchen vorher die mitgeführten Feststoffe sedimentieren konnten, in ihrer Fläche verringert worden sind. Zudem dringt die Flut mit zunehmender Kraft in die Elbe vor (FREITAG ET AL. 2007: 70 f). Auch die Gefahr einer Sturmflut wurde damit größer, denn somit stehen wichtige Überflutungsflächen nicht mehr zur Verfügung (HAMBURG PORT AUTHORITY 2008A).

Gleichzeitig nimmt jedoch auch die Kraft des Ebbstromes ab, sodass mit der Flut eingeführtes Sediment nicht mehr vom Ebbstrom erodiert werden kann und sich somit in der Elbe sedimentiert. Die sogenannte Sedimentpumpe entfällt damit, wodurch Teile des Hafens, in welchem sich das Sediment ebenfalls ablagert, regelmäßig ausgebaggert werden müssen (INTERNATIONALE BAUAUSSTELLUNG HAMBURG GMBH 2012).

Die Ziele des Tideelbe-Konzeptes sollen den aktuellen Entwicklungen entgegenwirken und den Hamburger Hafen als Wirtschaftsmotor der Metropolregion erhalten (HAMBURG PORT AUTHORITY 2008B). Die Hamburg Port Authority hat deswegen drei Leitziele aufgestellt:

1. „Dämpfung der einschwingenden Tideenergie durch strombauliche Maßnahmen insbesondere im Mündungstrichter,
2. Schaffung von Tidepotential im Bereich zwischen Glückstadt und Geesthacht,
3. Optimierung des Sedimentmanagements unter Berücksichtigung des Gesamtsystems der Elbe" (GLINDEMANN 2008: 14)

Damit der Hafen Hamburgs im internationalen Vergleich mithalten kann, ist eine Entwicklung nötig, welche der natürlichen Dynamik der Tideelbe folgt. Darum ist der integrierte Ansatz wichtig, um die Elbe als wichtige Zufahrt nach Hamburg zu sichern (HAMBURG PORT AUTHORITY 2008B).

Auch im Rahmen der Internationalen Bauausstellung, welche auf der Elbinsel Wilhelmsburg stattfand, findet sich dieser Ansatz wieder. „Kreetsand" im Osten der Insel Wilhelmsburg ist ein Teil des Projekts „Deichpark Elbinseln", bei welchem mitunter neuer Flutraum für die Elbe entstehen soll.

4.1.1 Kreetsand

Das Projekt Kreetsand, welches im Osten der Elbinsel Wilhelmsburg liegt, ist sowohl ein Teil des Projekts „Deichpark Elbinseln" im Rahmen der Internationalen Bauausstellung als auch des Tideelbe-Konzepts der Hamburg Port Authority (kurz HPA). Bei der Planung und Umsetzung dieses Vorhabens spielen Komponenten der Hafennutzung, des Hochwasserschutzes, der Wasserwirtschaft, der Naherholung und des Naturschutzes hinein. Ziel ist es, neuen Flutraum zu schaffen und somit das Tidegeschehen zu dämpfen. Davon profitieren alle oben genannten Akteure, wie beispielsweise der Hafen, denn aufgrund der Verringerung des Tidegeschehen kommt es zu einer geringeren Sedimentablagerung in den Hafenbecken, was wiederum einen positiven Effekt auf den Hochwasserschutz hat. Somit bekommt der Hafen einen größeren Flutungsraum.

Von dem Projekt Kreetsand wird sich nun erhofft, dass die 30 Hektar große Fläche Abhilfe schafft. Hier kann die Tide ein- und ausschwingen, wodurch ein zusätzliches Tidevolumen von einer Millionen Kubikmeter für die Elbe geschaffen wird. Laut HPA fördert dieses Projekt auch die Zukunftsfähigkeit des Hafens, somit würde das Ausbaggern der Fahrrinnen entfallen (INTERNATIONALE BAUAUSSTELLUNG HAMBURG GMBH 2012). Der insgesamt 1600 Meter lange Deichabschnitt wurde bis zu 380 Meter zurückverlegt, sodass sich die Deichlinie um 385 Meter verlängert hat. Die aktuelle Schutzhöhe beträgt NN + 8,0 Meter (BUß 2001: 35).

Auch gestalterisch soll Kreetsand ein Plus für die Hamburger bringen. Es soll zukünftig als Freizeit- und Naherholungsfläche dienen und die Elbe-Wahrnehmung der Bevölkerung in Wilhelmsburg verbessern. Somit ist ein Zugang zur Elbe gesichert und das Tidegeschehen kann auf der neu geschaffenen Freifläche beobachtet werden. Kreetsand wird der Natur gänzlich überlassen, nur Pflegemaßnahmen sichern die Funktionsfähigkeit des Projekts auf lange Sicht (INTERNATIONALE BAUAUSSTELLUNG HAMBURG GMBH 2012).

Kreetsand ist nur eines von vier Deichrückverlegungen, bei welchen in Summe 37 Hektar Vorland wiederhergestellt wurden. Davon entfallen 26 Hektar auf das Projekt Kreetsand (BUß 2001: 35).

4.1.2 Weitere strombauliche Maßnahmen

Das Tideelbe-Konzept umfasst hauptsächlich die Schaffung neuen Tidepotenzials für den Raum Hamburg. Weitere strombauliche Maßnahmen, welche zur Erfüllung der Leitziele führen sollen sind die „Umgestaltung aufsedimentierter Watt- und Vorlandflächen zu Flachwassergebieten, die Wiederanbindung von Nebenelbesystemen, die Räumung aufsedimentierter Hafenbecken und die die kontrollierte Wiederanbindung und Tieferlegung eingedeichter Flächen" (MEINE 2008: 3).

Die aufsedimentierten Flächen sollen dazu entschlickt werden, um somit weiteren Flutungsraum entstehen zu lassen. Dieses Vorhaben wird vor allem im Hafenbereich (Spreehafen, Speicherstadt und Oberhafenkanal) durchgeführt (MEINE 2008: 6).

Die Wiederanbindung von Nebenelbesystemen erfolgt am Tidekanal östlich der HafenCity, an der Doveelbe und an der alten Süderelbe (MEINE 2008: 10).

Die Rückdeichungsmaßnahmen erfolgen neben Kreetsand auch am Spadenlander Ausschlag und am Wasserwerk Billwerder Insel (MEINE 2008: 10).

Des Weiteren erfolgt die Anbindung von Sturmflutentlastungspolder mit integrierten Polderklappen. Jene sind am Polderufer der Elbe installiert und werden im Sturmflutfall zuerst hochgeklappt. Erst wenn der Sturmflutscheitel den jeweiligen Polder erreicht, wird die Klappe wieder in ihre Ausgangsposition im Polder zurückgefahren, sodass der Scheitel des Wasserstandes gekappt werden kann (GLINDEMANN 2008: 24).

Eine weitere Maßnahme zur Realisierung der Leitziele ist die Erstellung eines Sedimentfangs im Flussbett der Elbe vor Hamburg. Hierbei wird der Fließquerschnitt verbreitert, sodass sich die Strömungsgeschwindigkeit verringert. Durch die langsamere Fließgeschwindigkeit sedimentiert die Elbe die mitgeführten Feststoffe, welche sonst in Richtung Hafen mitgeführt würden. In diesen Fängen kann das Sediment gezielt ausgebaggert werden und in einen ebbstrombeeinflussten Bereich der Elbe umgelagert werden. Ein weiterer Vorteil ist, dass sich die marinen, unbelasteten Sedimente nicht mit den fluvialen, belasteten vermischen. Bei diesem sogenannten Sedimentmanagement kann die Wassertiefe somit konstant gehalten werden (HAMBURG PORT AUTHORITY 2008C: 5).

Maßnahmen, welche im Elbe-Ästuar liegen und die Hansestadt schützen sollen, sind beispielsweise Teilprojekte die „Sandperlen" oder Buchten. Bei den „Sandperlen" werden künstliche Sandbänke im Mündungstrichter aufgeschüttet, welche ebenfalls die Tideenergie dämpfen sollen. Auch Buchten entlang der Tideelbe bieten neben neuem Flutraum auch die Möglichkeit der Erholung und des Tourismus (BAVA ET AL. 2011: 92).

4.2   Städtebauliche Hochwasserschutzmaßnahmen

Das Leben an de Küste birgt immer die Gefahr, Opfer einer Sturmflut zu werden. Im Laufe der Zeit haben die Küstenbewohner ihre Verteidigungsstrategien immer weiter verbessert, um sie noch effektiver gegen ein drohendes Hochwasser einzusetzen.

Was im Fall einer Sturmflut passieren kann, wird in Hamburg immer wieder simuliert, um im Notfall vorbereitet zu sein (LSBG 2012B: 42). Trotzdem trotzen die Hamburger der Gefahr einer Sturmflut. Mit der HafenCity ist im Jahr 2000 erstmals ein ganzer Stadtteil entstanden, welcher außerhalb der Hauptdeichlinie Hamburgs liegt. Um das Wohnen dort trotzdem attraktiv und sicher zu gestalten, wurde in Hamburg ein besonderes Hochwasserschutzkonzept entworfen (LSBG 2012A: 24).

Privater Hochwasserschutz - HafenCity

Die heutige HafenCity ist das Ergebnis einer Umwandlung eines Hafengebiets zu einem Stadtteil, welcher sich durch seine Mischung und Vielfalt auszeichnet. Als 2000 im Masterplan die HafenCity festgelegt wurde, gab es die Überlegungen, dieses sturmflutgefährdete Gebiet komplett einzudeichen, denn die ursprüngliche Geländehöhe bot mit seinen NN + 4,50 Meter bis 6,50 Meter keinen ausreichenden Schutz. Dieser Gedanke erwies sich jedoch als ein Nachteil, denn somit wäre nicht nur die Entwicklung des Gebiets zeitintensiv gewesen (LSBG 2012B: 25), sondern der maritime Charme, mit dem die HafenCity wirbt, wäre verloren gegangen (BRUNS-BERENTELG U. SCHNEIDER 2011: 22). Um diesem zu entgehen, wurde das „Warftenkonzept" entwickelt, bei welchem die Bauflächen erhöht werden und sich demnach über dem errechneten maximalen Sturmflutwasserstand befinden. Die Warften liegen im Schnitt 7,50 bis 8,50 Meter über NN und bilden somit eine neue Topographie in diesem Stadtteil (BRUNS-BERENTELG U. SCHNEIDER 2011: 22). Dennoch wird der Zugang zum Wasser auf den öffentlichen Flächen gegeben (LSBG 2012B: 25). Die topographischen Unterschiede von bis zu vier Metern, welche sich zwischen den Warften und den tiefer liegenden öffentlichen Flächen ergeben, werden durch Rampen, Stufen und schiefe Ebenen mit Sitzgelegenheiten überbrückt (BRUNS-BERENTELG U. SCHNEIDER 2011: 23). Das „Warftenprinzip" erfordert aber auch Sicherungsmaßnahmen für Öffnungen unterhalb der Schutzlinie wie beispielsweise Tiefgaragen oder Gastronomiebetriebe an der Wasserkante. Im Sturmflutfall wird deren Räumung angeordnet. Gebäudeeigentümer im Bereich der HafenCity sind sogar verpflichtet, für den Flutschutz einen Flutschutzbeauftragten zu bestellen, welcher jene über die Einhaltung der Anforderungen und Schutzmaßnahmen berät, denn diese Art von Flutschutz unterliegt dem privaten Hochwasserschutz. Auch in juristischer Hinsicht wurden rechtliche Grundlagen für den speziellen Hochwasserschutz erlassen. Jene Anforderungen an den Bau, die Nutzung und die Verteidigung wurden in einer eigenen Verordnung zusammengefasst (LSBG 2012b: 27).

Trotz ihrer Lage vor der Hauptdeichlinie Hamburgs ist die HafenCity verhältnismäßig sicher. Auch während einer Sturmflut kann das „normale" Leben dort weiterhin stattfinden. Dies garantieren hoch gelegene Wegeverbindungen, Brücken oder ähnliches (LSBG 2012b: 27).

Die Hochwasserschutzanlagen in Hamburgs innovativer HafenCity sollen nicht nur bloß ihre Funktion erfüllen, sondern auch städtebaulich bereichern. Dementsprechend gilt es die Schutzanlagen so gut wie möglich in das Stadtbild zu integrieren, allerdings müssen diese aber auch die Auflagen der Deichordnung befolgen (LSBG 2012a: 32). Im Folgenden sollen die Schutzmaßnahmen am Binnenhafen und am Niederhafen Beispiele für den multifunktionalen Hochwasserschutz sein, welche sich gut ins Stadtbild einpassen. Beide stammen aus den 1960er Jahren und müssen im Zuge der Anpassung erneuert werden. Ein Großteil der Fläche der Hamburger Innenstadt wird von diesen Anlagen geschützt, somit ergibt sich deren Notwendigkeit, diese Anlagen auf en neusten Stand zu bringen. Allerdings werden beide auch in ihrem bisherigen Zustand kaum als ein technisches Bauwerk wahrgenommen, dies soll sich auch mit der Umgestaltung nicht ändern (LSBG 2012b: 33).

Öffentlicher Hochwasserschutz - Niederhafen /Binnenhafen

Der Abschnitt des Niederhafen/Baumwall und des Binnenhafens sind in Hamburg hochwasserexponierte Lagen, an welcher die bekannteste Hafenpromenade der Stadt liegt. Jene verbindet die Landungsbrücken in St. Pauli mit der Speicherstadt. Dementsprechend erstrebenswert ist es, bei dieser Hochwasserschutzmaßnahme einen großen Wert auf die Gestaltung zu legen. Daher wurde ein Gestaltungswettbewerb ausgerufen, mit den Auflagen diesen Standort als „attraktive Promenade" mit „vielfältigen Nutzungen" als „hochwertige Wegeverbindung" zu gestalten (LSBG 2013: 2). Ein zentraler Ansatz dieser Planung war es, die Stadt zum Wasser in zu öffnen. Um trotzdem die Schutzhöhe zu gewährleisten, wurden die Höhenunterschiede im Bereich des Niederhafens mittels Treppen und Rampen überbrückt. Somit wurde eine Reduzierung der Barrierewirkung erreicht. Ähnliche Treppenanlagen sind zur Wasserseite ausgerichtet, auf welchen Passanten einen Blick auf die Elbe haben. Nur im Falle einer Sturmflut über NN + 5,30 Meter werden die wasserseitigen Treppenanalgen überströmt, was nur bei einer sehr schweren Sturmflut einträte. Landseitig wird der Platz unter der Promenade mit Gastronomie und Parkflächen erschlossen (LSBG 2013: 3 f.). Um den Richtwerten der Deichordnung Folge zu leisten, muss das zehn Meter breite Bauwerk um 4,00 bis 7,50 Meter in die Elbe „vorgebaut" werden (LSBG 2012b: 33 f.). Die Schutzhöhe auf einer Länge von 625 Metern NN + 8,80 Meter betragen (LSBG 2010: 2).

Der Binnenhafen liegt ebenfalls im Plangebiet. Dort soll das Konzept des Niederhafens weitergeführt und die gestalterischen und Schutzziele verwirklicht werden. Die neue Hochwasserschutzlinie folgt in etwa der alten, allerdings müssen die bestehenden Anlagen (Brücken, Schaartorschleuse, Alsterschöpfwerk) der neuen Schutzhöhe von NN + 7,60 Meter angepasst werden. Die Hochwasserschutzwände werden in diesem Bereich komplett neu gebaut. Als Reaktion auf steigende Pegel und den Klimawandel wird es an allen neuen Hochwasserschutzwänden eine Ausbaureserve von 80 Zentimetern geben, um in Zukunft ebenfalls einen sicheren Schutz zu bieten (LSBG 2011: 2).

Zwar ist es besser, Hochwasserschutztore grundsätzlich zu vermeiden, da sie im Ernstfall nicht nur einen erhöhten Aufwand für die Deichverteidigungskräfte darstellen, sondern auch potentielle Schwachstellen entlang der Hauptdeichlinie, jedoch lassen sich diese Maßnahmen hier nicht vermeiden. Entlang der Niederbaumbrücke Richtung HafenCity werden diese um 1,30 Meter erhöht. Die vorhandenen Dammbalkenverschlüsse werden im Zuge der Erneuerung durch moderne elektrisch betriebene Schutztore ersetzt, um durchgehend ein konstantes Sicherheitsniveau zu gewährleisten (LSBG 2011: 3).

Objektschutz – Landungsbrückengebäude

Lässt sich eine Hochwasserschutzmaßnahme wie eine Schutzwand oder ein Deich nicht verwirklichen, tritt der Objektschutz ein. Das Beispiel des Landungsbrückengebäudes zeigt, dass auch historische Bausubstanz durchaus in Hochwasserschutzanlagen integriert werden kann. Mit Hilfe innovativer Technik werden Klapptore installiert, welche über verschiedene, voneinander unabhängige Mechanismen geschlossen werden können. Somit kann auch beim Ausfall eines Schließmechanismus die Klapptore dennoch geschlossen werden. Eine weitere Schutzvorkehrung sind die hochwassersicheren Fenster im Landungsbrückengebäude. Dort schützen sieben Zentimeter dicke Panzerglasscheiben vor der Kraft des Wassers (HINZ 2011: 20). Im Bereich der HafenCity werden bodentiefe Fenster und Türen mittels Dammbalken vor drohendem Hochwasser geschützt (LSBG 2012B: 37).

5   Fazit

In Hamburg gehört das Risiko einer Sturmflut oder Hochwassers zum Leben dazu. Um diesen Gefahren entgegenzuwirken, wurden verschiedene Komponenten des Hochwasserschutzprogramms vorgestellt und in ihrer Funktion für Hamburg erläutert. Auch in Zukunft bleibt dieses Thema aktuell. Der Klimawandel, der damit verbundene Meeresspiegelanstieg und die zunehmende Anzahl an Sturmfluten und Hochwasser führen dazu, dass sich auch weiterhin gegen die drohende Gefahr verteidigt werden muss. Bis zum Ende des Jahrhunderts können die Sturmfluten bis zu 1,10 Meter höher ausfallen als heute, der weitere Anstieg ist nicht ausgeschlossen. Somit wären auch Teile der neuen HafenCity bei Sturmflut überflutet. Aber auch hierfür gibt es bereits einen Entwurf, das Projekt „Neuer Horizont" soll die bisherigen Warften weiterhin nutzen, ohne sie durch ein Mitwachsen auf Kosten des Erdgeschosses zu strapazieren. Hierbei werden die oberen Geschosse sowie das Dach genutzt (VIADER 2011: 83). Die Investitionen in den bisherigen Hochwasserschutz haben sich gelohnt. Laut dem LSBG gab es seit der katastrophalen Sturmflut 1962 bereit acht Sturmfluten mit einem höheren Wasserstand. Dank des Hochwasserschutzes waren die Hamburgerinnen und Hamburger hinter der Hauptdeichlinie geschützt, weshalb es auch in Zukunft gilt, den Hochwasserschutz ständig zu verbessern (LSBG 2012B: 31). Dabei wird der Hamburger

Schutzphilosophie „Gleiche Sicherheit statt gleicher Höhe" auch weiterhin Beachtung geschenkt, was bedeutet, dass trotz unterschiedlicher Höhen der Schutzanlagen trotzdem überall die gleiche Sicherheit gewährleistet wird (STERR ET AL. 2008: 343). Aber es gilt nicht nur den Hochwasserschutz durch bauliche Maßnahmen zu verbessern, sondern auch an die Wahrnehmung der potentiell betroffenen Anwohner zu appellieren. Maßnahmen wie Übungen, Flyer, Informationsveranstaltungen und die Öffnung der Stadt zum Wasser lassen die Menschen wieder sensibler gegenüber der drohenden Hochwassergefahr werden. Die gesunde Kombination aus baulichen und kognitiven Maßnahmen gilt es in Zukunft zu fördern, gerade aufgrund der Folgen des Klimawandels.

Literaturverzeichnis

BAVA, H., EHMANN, J., CHARLOT, V. U. J. DIETERLE (2011): L – Linie überdenken. Neue Orientierung: Identität Tideelbelandschaft. In: HAFENCITY HAMBURG GMBH (HRSG.) (2011): Stadtküste Hamburg. Herausforderung Stadtentwicklung und Hochwasserschutz. Dokumentation zum HafenCity IBA LABOR vom 4./5./6. Mai 2011. Hamburg. S. 88-96.

BRUNS-BERENTELG, J. U. SCHNEIDER, H.-P. (2011): Waterfront und urbane Öffentlichkeit – Hochwasserschutz und Stadtgestaltung in der HafenCity. In: HAFENCITY HAMBURG GMBH (HRSG.) (2011): Stadtküste Hamburg. Herausforderung Stadtentwicklung und Hochwasserschutz. Dokumentation zum HafenCity IBA LABOR vom 4./5./6. Mai 2011. Hamburg. S. 22-25.

BUß, T. (2001): Hochwasserschutzmaßnahmen an der Tide-Elbe in Hamburg – Naturschutz kontra Sicherheit? In: Wasser und Boden. Band 53. Heft 12. S. 31-36.

FREIE UND HANSESTADT HAMBURG, BAUBEHÖRDE – AMT FÜR WASSERWIRTSCHAFT (HRSG.) (1993): Küstenschutz in Hamburg. Deichbau und Ökologie. Hamburg

FREIE UND HANSESTADT HAMBURG (2012): Chronologie der Katastrophe. Abrufbar unter: http://sturmflut.hamburg.de/chronik-barrierefrei/ (letzter Abruf: 25.04.2014)

FREISTADT, H. (1966): Hochwasserschutzmaßnahmen im Hamburger Raum nach der Sturmflut 1962. In: Küste. Band 14. Heft 1. S. 8-21.

FREITAG, C., HOCHFELD, B. U. N. OHLE (2007): Lebensraum Tideelbe. In: GÖNNERT, G., PFLÜGER, B. U. J.-A. BREMER (HRSG.) (2007): Von der Geoarchäologie über die Küstendynamik zum Küstenzonenmanagement. Coastline Reports 9. Warnemünde. S. 69- 79.

GLINDEMANN, H. (2008): Das Tideelbe-Konzept. Abrufbar unter: http://www.tideelbe.de/files/neuland_glindemann_17112008.pdf (letzter Abruf: 01.05.2014)

GÖNNERT, G. U. TRIEBNER, J. (2004): Hochwasserschutz in Hamburg. In: SCHERNEWSKI, G. U. DOLCH, T. (HRSG.) (2004): Coastline Reports. Geographie der Meere und Küsten. Warnemünde. S. 119-126.

GÖNNERT, G. (2011): Die Hamburger Stadtküste im Klimawandel. Vergangenheit, Gegenwart und Zukunft des Hochwasserschutzes in Hamburg. In: HAFENCITY HAMBURG GMBH (HRSG.) (2011): Stadtküste Hamburg. Herausforderung Stadtentwicklung und Hochwasserschutz. Dokumentation zum HafenCity IBA LABOR vom 4./5./6. Mai 2011. Hamburg. S. 52-55.

HAMBURG PORT AUTHORITY (HRSG.) (2008A): Tideelbekonzept. Anthropogene Eingriffe. Abrufbar unter: http://www.tideelbe.de/16-0-Anthropogene-Eingriffe.html (letzter Abruf: 01.05.2014)

HAMBURG PORT AUTHORITY (HRSG.) (2008B): Tideelbe-Konzept. Über uns. Abrufbar unter: http://www.tideelbe.de/9-0-Ueber-uns.html (letzter Abruf: 01.05.2014)

HAMBURG PORT AUTHORITY (HRSG.) (2008C): Optimierung der Wassertiefenunterhaltung mit Hilfe eines Sedimentfangs im Bereich der bestehenden Fahrrinne bei Wedel zwischen Elbe- Km 641,8 und

643,8. S. 1-9. Abrufbar unter: http://www.tideelbe.de/files/sedimentfang-wedel_erl__uterungstext_april_2008.pdf (letzter Abruf: 01.05.2014)

HINZ, H.-J. (2011): Sturmflutschutz in Hamburg. In: HAFENCITY HAMBURG GMBH (HRSG.) (2011): Stadtküste Hamburg. Herausforderung Stadtentwicklung und Hochwasserschutz. Dokumentation zum HafenCity IBA LABOR vom 4./5./6. Mai 2011. Hamburg. S. 18-21.

INTERNATIONALE BAUAUSSTELLUNG HAMBURG GMBH (HRSG.) (2012): Pilotprojekt Kreetsand. Flutraum schaffen und die Tideelbe erlebbar machen. Abrufbar unter: http://www.iba-hamburg.de/projekte/deichpark-elbinsel/pilotprojekt-kreetsand/projekt/pilotprojet- kreetsand.html (letzter Abruf: 18.04.2014)

LAUCHT, H. (1965): Hochwasserschutzmaßnahmen im Gebiet des Hamburger Hafens. In: Küste. Band 14. Heft 1. S. 22-32.

LAUCHT, H. (1966): Hochwasserschutz im Hafen Hamburg. In: Jahrbuch der Hafenbautechnischen Gesellschaft. Band 29. (Springer Verlag) Heidelberg. S. 72-90.

LANDESBETRIEB STRAßEN, BRÜCKEN UND GEWÄSSER HAMBURG (LSBG) (HRSG.) (2010): Umbau Baumwall. Hamburg. Abrufbar unter: http://lsbg.hamburg.de/contentblob/2820092/data/baumwall.pdf (letzter Abruf: 03.05.2014)

LANDESBETRIEB STRAßEN, BRÜCKEN UND GEWÄSSER HAMBURG (LSBG) (HRSG.) (2011): Binnenhafen/Schaartor. Hamburg. Abrufbar unter: http://lsbg.hamburg.de/contentblob/3876386/data/binnenhafen-schaartor.pdf (letzter Abruf: 03.05.2014)

LANDESBETRIEB STRAßEN, BRÜCKEN UND GEWÄSSER HAMBURG (LSBG) (HRSG.) (2012A): Gewässer und Hochwasserschutz in Zahlen. Berichte des Landesbetriebes Straßen, Brücken und Gewässer. Heft 4/2012 Hamburg. S. 23-33.

LANDESBETRIEB STRAßEN, BRÜCKEN UND GEWÄSSER HAMBURG (LSBG) (HRSG.) (2012B): Sturmflutschutz in Hamburg. Gestern – heute – morgen. Hamburg.

LANDESBETRIEB STRAßEN, BRÜCKEN UND GEWÄSSER HAMBURG (LSBG) (HRSG.) (2013): Hochwasserschutz für Hamburg. Niederhafen. Hamburg.

LANGE, H. U. GARRELTS, H. (HRSG.) (2008): Integriertes Hochwasserrisikomanagement in einer individualisierten Gesellschaft (INNIG). Bremen.

LEHMANN, H.-A. (2007): Der Hamburger Sturmflutwarndienst - WADI -. 12. KFKI-Seminar in Bremerhaven am 10. Oktober 2007. Bremerhaven. S. 1-2. Abrufbar unter: http://www.kfki.de/files/kfki-seminare/0/2007_LEHMANN_WADI_A.pdf (letzter Abruf: 28.04.2014)

MAINUSCH, M. (1999): Hochwasserschutz in Hamburg. In: ALBERS, J. ET AL. (1999): Recht und Juristen in Hamburg. Band 2. Köln. S. 253-267.

MEINE, M. (2008): Strombauliche Konzepte. Abrufbar unter: http://www.tideelbe.de/files/tideelbesymposium2008_1-5_meine.pdf (letzter Abruf: 01.05.2014)

ROSENHAGEN, G. (2007): Extreme Sturmfluten an den deutschen Küsten. In: DEUTSCHER WETTERDIENST (HRSG.) (2007): Klimastatusbericht 2007. Offenbach. S. 80-83.

SCHMIDT, A.: Integrative Bewertung der Auswirkungen touristischer Nutzungen auf die Bereitstellung der Ecosystem Services auf der Insel Sylt. In: EUCC – DIE KÜSTEN UNION DEUTSCHLAND E.V. (HRSG.): International approaches of coastal research in theory and practice. Coastline Reports 13. Kiel

STERR, H., MARKAU, H.-J., DASCHKEIT, A., REESE, S. U. G. KAISER (2008): Risikomanagement im Küstenschutz in Norddeutschland. In: FELGENTREFF, C. U. T. GLADE (HRSG.) (2008): Naturrisiken und Sozialkatatstrophen. (Springer-Verlag) Heidelberg. S. 341-352.

STOKMAN, A. (2011): Deichpark Elbinsel: Perspektiven der hochwasserangepassten Gestaltung für die Hamburger Stadtküste. In: HAFENCITY HAMBURG GMBH (HRSG.) (2011): Stadtküste Hamburg. Herausforderung Stadtentwicklung und Hochwasserschutz. Dokumentation zum HafenCity IBA LABOR vom 4./5./6. Mai 2011. Hamburg. S. 56-64.

VIADER, A. (2011): M – Mitwachsen. Das städtische Warftenprinzip der Hamburger HafenCity als adaptives System bei steigendem Meereswasserspiegel für die nördliche Stadtküste in die Zukunft denken. In: HAFENCITY HAMBURG GMBH (HRSG.) (2011): Stadtküste Hamburg. Herausforderung Stadtentwicklung und Hochwasserschutz. Dokumentation zum HafenCity IBA LABOR vom 4./5./6. Mai 2011. Hamburg. S. 73-85.

VON LIEBERMAN, N. (2011): Technische Potenziale zur Anpassung an den Klimawandel. In: VON STORCH, H. U. CLAUSSEN, M. (HRSG.) (2011): Klimabericht für die Metropolregion Hamburg. Springer. Hamburg. S. 271-279.

Abbildungsverzeichnis

Abb. 1:   Das Drei-Säulen-Programm der Stadt Hamburg. GÖNNERT, G. U. TRIEBNER, J. (2004): Hochwasserschutz in Hamburg. In: SCHERNEWSKI, G. U. DOLCH, T. (HRSG.) (2004): Coastline Reports. Geographie der Meere und Küsten. Warnemünde. S. 119-126.

BEI GRIN MACHT SICH IHR WISSEN BEZAHLT

- Wir veröffentlichen Ihre Hausarbeit,
  Bachelor- und Masterarbeit

- Ihr eigenes eBook und Buch -
  weltweit in allen wichtigen Shops

- Verdienen Sie an jedem Verkauf

Jetzt bei www.GRIN.com hochladen
und kostenlos publizieren